Bibliografische Information der Deutschen Nationalbibliothek:

Die Deutsche Bibliothek verzeichnet diese Publikation in der Deutschen Nationalbibliografie; detaillierte bibliografische Daten sind im Internet über http://dnb.d-nb.de/ abrufbar.

Impressum:

Druck und Bindung: Books on Demand GmbH, Norderstedt Germany
ISBN: 9783668914131

Dieses Buch bei GRIN:

https://www.grin.com/document/461829

Marc Castillon

Eine Übersicht zur Entwicklung der Pharmakotherapie

GRIN Verlag

Pharmakogenetik

1. Einleitung

Im Jahr 2013 hatte sich die Schauspielerin Angelina Jolie im Rahmen einer präventiven Brustamputation beide Brüste entfernen lassen – aufgrund einer hohen familiären Vorbelastung und weil ihr ein Gentest ein erhöhtes Risiko für Brustkrebs vorhersagte.[1] Dieser prominente Fall verdeutlicht die Chancen und Risiken einer individualisierten Medizin: Die persönliche Genanalyse in Kombination mit der Familiengeschichte hatte Jolie dazu bewogen präventiv tätig zu werden, zu einem Zeitpunkt in der sie gesund ist.

Ein wichtiger Baustein der immer stärker im Fokus stehenden personalisierten Medizin sind Gentests. Den Einfluss der Gene auf Arzneimittelwirkungen beim Menschen hat die Pharmakogenetik zum Untersuchungsgegenstand. Sie ist ein Teilgebiet der Disziplin der klinischen Pharmakologie und Pharmakotherapie, die wiederum gemäß der ärztlichen Approbationsordnung als Querschnittsbereich definiert ist (§ 27 ÄApprO) und die Wechselwirkungen zwischen körperfremden Stoffen und dem menschlichen Organismus untersucht. Grundsätzlich muss jeder Mediziner ein fundiertes Wissen über die Anwendung von Pharmaka besitzen – unabhängig von seiner jeweiligen Fachrichtung. Er muss sowohl die Bestimmungen des Arzneimittelgesetzes kennen als auch wissen, welcher Arzneistoff bei welcher Erkrankung der geeignete ist. Darüber hinaus sind für den ärztlichen Behandler Kenntnisse über das konkrete Rezeptieren, die Dosierung eines Arzneistoffes und den Einfluss patientenspezifischer Charakteristika sowie zum Umgang mit Neben- und Wechselwirkungen essentiell.

Diese Hausarbeit hat zum Ziel, sich der Bedeutung der Pharmakogenetik zu vergegenwärtigen und die sich durch die pharmakogenetische Forschung ergebenen Chancen und Risiken zu analysieren. In diesem Zusammenhang ist kritisch zu reflektieren, ob zukünftig das individuelle Genom eines Patienten entschlüsselt werden muss, bevor überhaupt Medikamente durch den Arzt verordnet werden können. Zunächst soll jedoch die konkrete Ausführung in der

---

[1] Vgl. o. V. (2013a).

Pharmakotherapie – das Medikament – im Vordergrund stehen und die Entwicklung und die Phasen der Arzneimittelprüfung mit ihren jeweiligen Charakteristika nachfolgend herausgearbeitet werden.

2. Pharmakotherapie – Entwicklung eines neuen Arzneimittels

Die durchschnittliche Entwicklung eines neuen Medikaments dauert etwas mehr als 13 Jahre. Um ein Medikament für alle Altersgruppen zur Verfügung zu stellen, für die es sich eignet (z. B. auch Kinder) sind zusätzliche Jahre zu veranschlagen.[2] Der Großteil der Zeit dient dazu, in klinischen Studien die Medikamentenwirksamkeit und die Medikamentenverträglichkeit zu prüfen. Es wird ebenfalls eruiert, wie das Medikament am besten eingesetzt werden kann. Dabei durchläuft die Medikamentenentwicklung eine Vielzahl an Stationen.

In der ***präklinischen Forschung*** wird die Entscheidung getroffen, für eine bisher nicht gut behandelbare Krankheit ein neues Medikament zu entwickeln. Die Pharmaforschung identifiziert dabei zunächst einen Angriffspunkt (Target) im Krankheitsgeschehen – das heißt ein spezielles Molekül –, an dem ein Medikament ansetzen könnte. Im Anschluss werden in Laborversuchen Wirkstoffkandidaten erfunden – Substanzen, die in das Krankheitsgeschehen eingreifen und die Krankheit möglicherweise lindern oder gar heilen können. Die Wirkstoffkandidaten mit den vielversprechenden Substanzen werden mit Zellkulturen und Tieren primär darauf getestet, dass sie verträglich – also nicht giftig oder anderweitig schädlich sind – und ob sie Anzeichen für eine Wirksamkeit zeigen. Diejenigen Substanzen, die sich bewähren, haben das Potential, zum Wirkstoff eines Medikaments zu werden.[3] Nur wenige Substanzen schaffen jedoch den Schritt in die ***klinische Arzneimittelprüfung***, die selbst in 4 Phasen eingeteilt wird:

Phase I (Studien mit wenigen gesunden Erwachsenen): In dieser Phase werden Verträglichkeit (z. B. Prüfung der Veränderungen von Organfunktionen), Pharmakodynamik (Resorption, Verteilung, Metabolisierung, Ausscheidung etc.) und Pharmakokinetik des Wirkstoffs an gesunden erwachsenen Freiwilligen, in der Regel ca. 50 bis 100 männliche Probanden, untersucht und erprobt: Wie wandert er durch den Körper? Welche Zeit benötigt er dafür? Ab welcher Dosis zeigen sich Nebenwirkungen?

---

[2] Vgl. VFA (2017a).

[3] Vgl. Schüler (2016), S. 167-169; Fernuniversität Hagen (2018); VFA (2017a).

Aus dem Wirkstoff wird – passend zum Anwendungsgebiet – ein Medikament und die Darreichungsform entwickelt (z. B. Tablette, Kapsel, Salbe, Trink- oder Injektionslösung, Spray oder Wirkstoffpflaster). Erst wenn alle Untersuchungen die Verträglichkeit der Substanz gezeigt haben, werden die Untersuchungen an Patienten, sprich kranken Menschen, fortgesetzt.[4]

Phase II (Studien mit wenigen kranken Erwachsenen): In Phase II werden erste Studien an kleinen Kollektiven von Patienten durchgeführt. Typischerweise erhalten etwa 100 bis 500 erkrankte Erwachsene auf freiwilliger Basis entweder das neue Medikament oder aber eine Vergleichsbehandlung. Es werden die Wirksamkeit und die relative Unbedenklichkeit geprüft, wobei insbesondere auch die Dosisprüfung und die Dosisfindung im Zentrum der Untersuchung steht.[5]

Phase III (Studien mit vielen kranken Erwachsenen): In Phase III finden im Rahmen klinischer Studien der eigentliche Wirksamkeitsnachweis und die entsprechenden Verträglichkeitsuntersuchungen statt. Die Zulassungsbehörde verlangt üblicherweise mindestens zwei originäre Studien zum Wirksamkeitsnachweis, um so die Reproduzierbarkeit der Ergebnisse beurteilen zu können. Das Medikament wird oftmals in mehreren Ländern zugleich an insgesamt mehreren hundert bis mehreren tausend, freiwillig teilnehmenden erwachsenen Erkrankten – ähnlich wie in Phase II – erprobt. In dieser Phase werden auch weniger häufige Nebenwirkungen erkennbar. Die Zulassungsbehörde prüft die Ergebnisse aller Studien, Labor- und Tierversuche sowie technischer Qualitätstests. Aufgrund der Ergebnisse von Phase III wird bei positivem Prüfergebnis der Zulassungsbehörde ein Arzneimittel auf den Markt zugelassen.[6]

Phase IV (Studien nach der Zulassung): Im Falle der Markzulassung wird in Phase IV das Arzneimittel in weiteren Studien zur Wirksamkeit und

4 Vgl. Schüler (2016), S. 167-169; Fernuniversität Hagen (2018); VFA (2017a).
5 Vgl. Schüler (2016), S. 167-169; Fernuniversität Hagen (2018); VFA (2017a).
6 Vgl. Schüler (2016), S. 167-169; Fernuniversität Hagen (2018); VFA (2017a).

Langzeitverträglichkeit erprobt, z. B. um zu sehen, wie es mit anderen Mitteln zusammenwirkt oder welche neuen, selteneren Nebenwirkungen auftreten. Ziel dieser Phase ist es, eine verlässlichere Nutzen- und Risikoabschätzung eines neuen Medikaments aufgrund der Beobachtungen und Erfahrungen an einem größeren Patientenkollektiv zu erhalten. Die Phase IV bildet die Grundlage der Reevaluation der vorläufigen Zulassung eines Medikaments nach 5 Jahren. Sofern das Medikament für eine weitere Krankheit in Betracht kommt, beginnen neue Phase II-Studien.[7]

[7] Vgl. Schüler (2016), S. 167-169; Fernuniversität Hagen (2018); VFA (2017a).

3. Pharmakogenetische Forschung: Bedeutung, Chancen und Risiko

Der Begriff der Pharmakogenetik wird definiert als der Einfluss genetischer Eigenschaften auf:

- die Pharmakodynamik, das heißt die Wirkqualität und -stärke von Arzneistoffen,
- die Pharmakokinetik, das heißt die Geschwindigkeit der Aufnahme, der Metabolisierung und der Ausscheidung von Arzneistoffen sowie
- das Risiko von Überempfindlichkeitsreaktionen.[8]

Das individuell unterschiedliche Ansprechen der Patienten auf Arzneimittel ist eine besondere Herausforderung der Medizin. Im Jahr 2003 wurde die Entschlüsselung des humanen Genoms vollständig abgeschlossen. Die Entzifferung des rund drei Milliarden Bausteine umfassenden menschlichen Erbguts hat entscheidende Fortschritte in der genetischen Forschung und Pharmakogenetik gebracht.[9] Die Disziplin der Pharmakogenetik untersucht dabei den genetischen Einfluss eines Patienten auf die Arzneimittelwirkung.[10] Aktuell existieren bei etwa 10 % aller Arzneimittel pharmakogenetische Informationen.[11] In einer Reihe von Fällen sind pharmakogenetische Anwendungen und Gentests bereits verpflichtend in den Fachinformationen vorgeschrieben, z. B.:

- Gentest (verpflichtend seit 2008) vor Beginn einer antiretroviralen Therapie mit Abacavir – einem Arzneistoff zur Behandlung von mit HIV-1 infizierten Patienten[12] – denn bei etwa 5-6 % der Patienten treten starke Überempfindlichkeitsreaktionen als schwerwiegende Nebenwirkung des Medikaments Abacavir auf;[13]
- Gentest (verpflichtend seit 2012) vor Beginn einer medikamentösen Therapie mit Carbamazepin – einem Dibenzazepin, dass als Antikonvulsivum vorwiegend gegen fokale Epilepsien, aber auch als Phasenprophylaktikum bei verschiedenen psychiatrischen Erkrankungen

---

8 Vgl. Cascorbi (2017), S. 1.
9 Vgl. VFA (2017b), S. 3.
10 Vgl. Taegtmeyer u. a. (2012), S. 1.
11 Vgl. Brandi u. a. (2012), S. 5.
12 Vgl. Taegtmeyer u. a. (2012), S. 1.
13 Vgl. Cascorbi (2017), S. 2; VFA (2017b), S. 15.

eingesetzt wird[14] – denn bei 2-5 % der Europäer kann aufgrund genetischer Zusammenhänge die Einnahme von Carbamazepin mit schwerwiegenden Hautreaktionen assoziiert sein;[15]

- Gentest (verpflichtend seit 2015) bei einem diagnostizierten Lungenkrebs zur Abklärung des Vorhandenseins einer anaplastischen Lymphomkinase – denn bei ca. 2-7 % der Patienten mit einem nicht-kleinzelligen Bronchialkarzinom findet sich in den Tumorzellen eine genetische Veränderung, bei der das Gen, das die anaplastische Lymphomkinase kodiert, betroffen ist und die bei Positivbefund eine wichtige Treibermutation für das Tumorwachstum darstellt, so dass speziell entwickelte Arzneimittel eingesetzt werden müssen, um der Krankheitsursache zu begegnen.[16]

Das gewonnene individuelle Genprofil gibt dem Arzt Auskunft darüber, ob die getestete Person den Wirkstoff verträgt und wie viel er davon benötigt[17], ob Nebenwirkungen oder aber eine Wirkungslosigkeit für das ausgewählte Medikaments zu erwarten sind[18] und letztlich auch darüber, ob sich der Einsatz einer teuren Arznei „lohnt“.[19]

a. Chancen durch die pharmakogenetischen Forschung

Die pharmakogenetische Forschung bietet zunächst die Chance, die ***Patientenversorgung*** zu verbessern. Was bei einem Patienten Heilung verschafft, kann bei einem anderen Patienten wirkungslos bleiben oder Unverträglichkeiten verursachen. Der menschliche Stoffwechsel-Vorgang bestimmt, unter Einflussnahme der jeweiligen individuellen Erbanlagen einer Person, wie ein Wirkstoff im Körper aufgenommen, verteilt und abgebaut wird – die Wirkung eines Medikaments differiert daher von Person zu Person.[20] Selbst gute Medikamente helfen „meist nur drei von vier Patienten, andere

---

[14] Vgl. o. V. (2011) und o. V. (2013b).
[15] Vgl. Cascorbi (2017), S. 5; Taegtmeyer u. a. (2012), S. 4.
[16] Vgl. VFA (2017b), S. 13.
[17] Vgl. Lederer (2009).
[18] Vgl. Taegtmeyer u. a. (2012), S. 1.
[19] Vgl. Lederer (2009).
[20] Vgl. Hirslanden (2018).

[Arzneistoffe] oft nur einem von drei".[21] Ein Grund für diese Unterschiede können genetische Variationen oder bestimmte Kombinationen eines oder mehrerer Gene oder auch Allele sein.[22]

Hier setzen pharmakogenetische Anwendungen an. Diese erfassen die verantwortlichen genetischen Faktoren und versetzen den Mediziner in die Lage, eine auf den Patienten optimierte medikamentöse Behandlung vorzunehmen.[23] Kennt der Arzt z. B. das genetische Muster, das für das Auftreten einer schweren Nebenwirkung wie Blutbildstörungen bei Verabreichung eines bestimmten Medikaments verantwortlich zeichnet, kann er nach entsprechender Gentestung des Patienten diesem von vornherein – sofern verfügbar – ein anderes Arzneimittel verschreiben, das diese Nebenwirkungen bzw. unerwünschten Arzneimittelwirkungen (UAW) beim Patienten nicht hervorruft.[24] Somit kann die pharmakogenetische Forschung – vor dem Hintergrund, dass allein in Deutschland jährlich etwa 100.000 bis 120.000 schwere Fälle von unerwünschte Arzneimittelwirkungen eintreten, die gar in 6.000 bis 8.000 Fällen tödlich enden[25] – auch einen entscheidenden Beitrag zur Verbesserung der ***Arzneimittelsicherheit*** leisten.

Die pharmakogenetische Analyse gibt dem ärztlichen Behandler darüber hinaus Auskunft über die individuelle ***Arzneimittelwirksamkeit*** einer möglichen medikamentösen Therapie. Sie zeigt auf, welche Wirkstoffe am besten zur genetischen Veranlagung des Patienten und zum individuellen Stoffwechsel passen. Ebenso lässt sich so eine optimierte Arzneimitteldosierung oder eine entsprechende Medikamentenkombination finden. Die genetische Abklärung der Medikamentenwirksamkeit trägt somit entscheidend dazu bei, das Risiko eines Therapieversagens oder einer Medikamentenunverträglichkeit zu minimieren.[26]

Neben einer optimierten, individualisierten Patientenversorgung und Verbesserung für die Arzneimittelsicherheit ergeben sich aus dem Einsatz

---

[21] Lederer (2009); Vgl. auch Der Arzneimittelbrief (2005), S. 2.
[22] Vgl. VFA (2017b), S. 5.
[23] Vgl. Hirslanden (2018).
[24] Vgl. VFA (2017b), S. 5.
[25] Vgl. Schönhöfer u. a. (1998), S. 110.
[26] Vgl. Hirslanden (2018).

pharmakogenetischer Untersuchungen in klinischen Studien mögliche weitere Nutzenperspektiven: Wenn es mittels Pharmakogenetik gelingt, die genetischen Ursachen oder zumindest prädiktiven Indikatoren für eine ernste UAW bereits zu einem frühen Zeitpunkt in der ***Arzneimittelentwicklung*** zu identifizieren, bietet dies eine deutliche Chance. Denn in der Vergangenheit wurden bei Arzneimittelentwicklungen, insbesondere in der präklinischen Phase, bevorzugt solche Wirkstoffe ausgewählt, die eine möglichst geringe Heterogenität in ihrer Wirkung zeigen – sprich: sogenannte allelresistente Wirkstoffe, die kaum oder gar nicht durch eine genetische Viel- bzw. Verschiedengestaltigkeit (so genannte Polymorphismen) beeinflusst werden.[27] Durch ein breites und spezialisiertes Wissen über mögliche pharmakogenetische Mechanismen, können die für unerwünschte Arzneimittelwirkungen gefährdeten Patientengruppen gezielt bereits bei der klinischen Erprobung ausgeschlossen werden. Darüber hinaus ergeben sich aus Sicht der Arzneimittelentwicklung durch die pharmakogenetische Forschung folgende weitere Vorteile:

- Reduzierung der Teilnehmerzahl bei klinischen Prüfungen (bis zu 50 % in Phase II und bis zu 10 % in Phase III) sowie Zeitersparnis von bis zu 20 % in Phase III im Vergleich dazu, wenn auf eine pharmakogenetische Forschung verzichtet würde,[28]
- Vergrößerung der Anzahl der potentiellen Arzneimittel im Rahmen zukünftiger Entwicklungen sowie
- Rettung von in der Vergangenheit nicht zugelassenen Substanzen oder auch solchen Substanzen, die vom Markt genommen werden mussten, u. a. durch eine spezifischere Zuordnung der Arzneimittel zu Patienten, für die die Substanzen besser geeignet sind.[29]

In den klinischen Studien werden die genetischen Informationen insbesondere mit dem Ziel gesammelt, entsprechende Untergruppen von Patienten zu identifizieren, die besser oder schlechter auf eine Therapie ansprechen und mehr oder weniger Nebenwirkungen zeigen. Dabei werden die pharmakogenetischen Tests insbesondere in den Phasen der präklinischen

---

[27] Vgl. Kollek u. a. (2005), S. 45.

[28] Vgl. Kollek u. a. (2005), S. 70; Hennen/ Sauter (2005), S. 15.

Forschung (Phase der Arzneimittelkandidaten-Suche) und für die retrospektive Auswertung klinischer Phase III-Studien (Phase mit dem Ziel, das Arzneimittel zuzulassen) eingesetzt.[30] Wenn sich ein neuer Wirkstoff in den klinischen Studien nun als wirksam erweist, zugleich jedoch ein ungünstiges Nebenwirkungsprofil aufzeigt, bietet sich durch die Pharmakogenetik die Chance und Möglichkeit, differenziert zu untersuchen, ob die unerwünschten Arzneimittelwirkungen nun mit bestimmten Polymorphismen korrelieren oder nicht.[31] Für die Arzneimittelentwicklung ergeben sich hieraus hoch relevante Erkenntnisse, die es ohne pharmakogenetische Screenings nicht gäbe.

Neben den dargestellten positiven Auswirkungen auf die Patientenversorgung, die Arzneimittelsicherheit, die Arzneimittelwirksamkeit und die Arzneimittelentwicklung bietet die Pharmakogenetik darüber hinaus die Chance einer ***effektiveren Ressourcennutzung*** im Gesundheitswesen: Zumeist muss ein Medikament für längere Zeit einem Patienten verschrieben werden, bis deutlich wird, ob der Patient tatsächlich von dessen Einnahme profitiert. Mittels vorheriger pharmakogenetischer Analyse lässt sich abschätzen, für welchen Patientenkreis ein Medikament besonders gut geeignet ist und für welchen nicht. Dies hilft wirkungslose, aber kostenträchtige Arzneimittelverschreibungen zu vermeiden.[32]

Die Durchführung pharmakogenetischer Testungen verursachen jedoch ebenfalls Kosten. Zur Beurteilung der ökonomischen Effizienz der Pharmakogenetik müssen die Kosten der genetischen Analyse eines Patienten dem zusätzlichen therapeutischen Nutzen und den Einsparungen gegenübergestellt werden, die sich aus der Vermeidung unnötiger und ungeeigneter Medikationen und unerwünschter Arzneimittelwirkungen ergeben.[33] Bis heute existieren jedoch zum konkreten Kosten-Nutzen-Verhältnis nur bedingt valide ökonomische Zahlen.[34] Nur in einigen Einzelfällen wurde bisher der ökonomische Nutzen der Pharmakogenetik

---

29 Vgl. Hennen/ Sauter (2005), S. 15.
30 Vgl. Hennen/ Sauter (2005), S. 16.
31 Vgl. Kollek u. a. (2005), S. 64.
32 Vgl. VFA (2017b), S. 9.
33 Vgl. Weihrauch (2002), S. 420.
34 Vgl. zur Diskussion: Eckhardt u. a. (2014), S. 201-212.

untersucht. Im Jahr 2008 konnte am Beispiel des Arzneimittels Warfarin ein signifikanter Kosteneinspareffekt durch die pharmakogenetische Untersuchung aufgezeigt werden.[35] Ein umfassenderer, einzelfallübergreifender Nachweis müsste jedoch nach hiesigem Dafürhalten noch erbracht werden. Zwar lassen sich mit den Erkenntnissen aus der Genanalyse Therapien gezielter auf den Patienten zuschneiden und im Optimalfall auch billiger einsetzen[36], da von vornherein das richtige Medikament in der richtigen Dosis verabreicht und ein „Herumprobieren“ vermieden werden kann. Dies ermöglicht potentielle Kostensenkungen, da für eine zufriedenstellende Therapie weniger Arztbesuche erforderlich werden.[37] Allerdings sind einige auf der Basis von Erbgutanalysen entwickelte Medikamente – hier sind vor allem Krebsmedikamente anzuführen – wiederum sehr teuer, da sie nur von einem begrenzten Personenkreis genutzt werden können.[38] Bei dem gegenwärtigen Kenntnisstand ist somit davon auszugehen, dass durch die (pharmako-) genetischen Anwendungen entstehenden Kosten die Einsparungen, die sich durch einen gezielteren und effektiveren Arzneimitteleinsatz ergeben, in etwa aufwiegen.[39] Eine durch die Pharmakogenetik ermöglichte personalisierte Medizin, muss also die medizinische Versorgung nicht unbedingt preiswerter machen, bietet aber dennoch die Chance zur Effizienzsteigerung[40], z. B. durch:

- Entfallen der zeit- und kostenintensiven Phase zur Medikamenteneinstellung;
- Schnellere und passendere Einstellung auf die medikamentöse Therapie (mit individueller Optimierung in Bezug auf Medikamentenwahl, Wirkstoffkombination, Dosierung und Einnahmezeitpunkt);
- Vermeidung von unnötigen, weil unwirksamen Behandlungen und von Therapieversagen;

---

[35] Vgl. McWilliam/ Lutter/ Nardinelli (2008), S. 284.
[36] Vgl. Meili (2014).
[37] Vgl. Weihrauch (2002), S. 420.
[38] Vgl. Meili (2014).
[39] Vgl. zu den differierenden Auffassungen in der Literatur zur Generierung von Einsparungen durch die Anwendung von pharmakogenetischen Tests: Eckhardt u. a. (2014), S. 208.
[40] Vgl. VFA (2017b), S. 9.

- Prävention von Arzneimittelunverträglichkeiten und Vermeidung von schweren Nebenwirkungen.[41]

Neben diesem individuellen Nutzen, der sich aus einer höheren Versorgungs- und verbesserten Lebensqualität des Patienten ergibt, bietet die Pharmakogenetik aber auch das Potential eines gesundheitssystemischen Mehrwerts: Durch die verbesserte Effizienz der Mittelverwendung (Kosteneffizienz) erbringt die Pharmakogenetik einen entscheidenden Beitrag, die Leistungsfähigkeit des Gesundheitssystems auf dem bestehenden hohen Niveau zu erhalten. Dies erscheint insbesondere im Hinblick auf die demographische Entwicklung in Deutschland mit den daraus resultierenden Herausforderungen von Bedeutung.[42]

b. Risiken der pharmakogenetischen Forschung

Medizinische Daten sind sehr sensible Personendaten und sind besonders schützenswert. Dabei sind nach geltendem Recht jedoch genetische Daten derzeit nicht explizit besser geschützt als nicht-genetische Gesundheitsdaten. Dies obwohl die genetischen Daten einer Person nicht nur Auskunft über das Erbgut der jeweils getesteten Person selbst, sondern – wenn auch in begrenzterem Ausmaß – auch Auskunft über das Erbgut von Blutsverwandten geben.[43] Gerade vor dem Umstand der neueren Informationstechnologien und den Veränderungen im Umgang mit persönlichen Daten stellt der Persönlichkeitsschutz von Blutsverwandten im Zusammenhang mit einer Ausbreitung genetischer Untersuchungen eine juristische Herausforderung dar.[44]

Entgegen der Auffassung des Verbandes Forschender Arzneimittelhersteller (VFA), die einen „***gläsernen Patienten***" im Zusammenhang mit der Pharmakogenetik verneinen[45], besteht nach hiesigem Dafürhalten durchaus ein solches Risiko im Rahmen der pharmakogenetischen Forschung. Der VFA argumentiert, dass bereits heute eine ganze Reihe naturwissenschaftlicher

---

[41] Vgl. Hirslanden (2018).
[42] Vgl. VFA (2017b), S. 9.
[43] Vgl. Eckhardt u. a. (2014), S. 165.
[44] Vgl. Huster/ Gottwald, S. 48; Eckhardt u. a. (2014), S. 95-102.

Verfahren bestehen, die dem Arzt für die Diagnosestellung und Therapie zur Verfügung stehen, wie die Daten aus klinisch-chemischen Untersuchungen von Blut, Urin oder von Gewebe. Bereits aus diesen medizinischen Ergebnissen einer Person zieht der Mediziner in Kombination mit der klinischen Symptomatik entsprechende therapeutischen Schlussfolgerungen – und die pharmakogenetischen Verfahren bieten dem Behandler ein zusätzliches Hilfsmittel, um bei jedem Patienten eine optimierte Therapiemaßnahme auszuwählen.[46] Dies ist zwar richtig, allerdings können sich aus Kombination der Vielzahl personenbezogener Daten – selbst dann wenn diese anonymisiert sind – Problemfelder ergeben. Denn die Anonymisierung von Daten stößt in diesem Fall an Grenzen, weil sich sehr differenzierte Datensätze, die einer umfänglichen Analyse dienen sollen, viel einfacher einer konkreten Person zuordnen lassen als Datensätze, welche nur wenige Parameter umfassen.[47] Daher sind noch eine Reihe offener Fragen zu beantworten. Es stellt sich beispielsweise mit Bezug auf den Datenschutz die Frage, welche Daten Krankenversicherer erhalten dürfen – etwa vor der Aufnahme eines Patienten in eine angestrebte Zusatzversicherung?[48] Und wie lässt sich der Schutz von Informationen, die aus genetischen Analysen von Blutsverwandten resultieren, überhaupt sicherstellen?

So zeigt auch eine Umfrage unter Hausärzten, dass seitens der Mediziner Bedenken hinsichtlich der Anwendung pharmakogenetischer Tests bestehen, da sie für den Patienten daraus resultierende Nachteile bei Krankenkassen und Versicherungen befürchten. Die befragten Ärzte sahen vor allem die Gefahr, dass durch die Versicherer Druck auf die Patienten zur Teilnahme am genetischen Test ausgeübt werde und/oder Patienten mit einem ungünstigen Testergebnis Nachteile in Kauf nehmen müssten.[49]

Neben diesen rechtlichen und Datenschutzaspekten ergeben sich weitere, zum Teil ***ethische Fragen***, die im Zusammenhang mit pharmakogenetischen Verfahren stehen und nach hiesigem Dafürhalten noch nicht ausreichend

---

[45] Vgl. VFA (2017b), S. 9.
[46] Vgl. VFA (2017b), S. 9.
[47] Vgl. Hamacher/ Katzenbeisser (2013), S. 39; Eckhardt u. a. (2014), S. XVIII.
[48] Vgl. Meili (2014).

diskutiert und gesamtgesellschaftlich beantwortet sind. Wird etwa berücksichtigt, dass aus pharmakogenetischen Untersuchungen auch unerwartete Ergebnisse – so genannte Zufallsbefunde, deren Befunde keinen Bezug zu dem eigentlichen Untersuchungsanlass haben – resultieren können, erhöht sich die Komplexität: Es stellt sich hier die Frage, wie mit einer entsprechenden Erbgutanalyse umzugehen ist – z. B. wenn diese ein Risiko für eine Krankheit aufzeigt, gegen die es keine Therapie gibt oder wenn das Screening ein Adoptionsverhältnis oder eine außerehelichen Vaterschaft aufdeckt? Will der Patient diesen Zufallsbefund, das gegebenenfalls gar mit einem möglichen Todesurteil verbunden sein kann, erfahren?[50]

Das Ziel einer mittels Pharmakogenetik personalisierten Medizin ist es zwar, dass bestimmte Medikamente aufgrund der zu erwartenden Medikamentenwirkung den besonders gut darauf ansprechenden Patienten gezielt verschrieben werden können. Dies könnte jedoch zugleich bedeuten, dass andere Patienten ausgeschlossen werden, die ohne pharmakogenetische Screenings nicht ausgeschlossen wären.[51] Dass pharmakogenetische Anwendungen bei einem Patienten Hinweise auf ein [illegible] Therapieansprechen oder eine schlechtere Prognose liefern und dies letztlich zu einem Vorenthalten einer Therapie, z. B. aufgrund einer fehlenden Kostenübernahme durch Versicherungen, führen könnten, wirft – trotz des Schutzes vor genetischer Diskriminierung durch das Gendiagnostikgesetz – ethische Bedenken auf. Das Wissen, das sich aus der pharmakogenetischen Forschung in Hinsicht auf das Erbgut und die Veranlagung, u. a. für eine Krankheit, ergibt, stellt eine ***potentielle Gefahrenquelle für Ausgrenzungen und Diskriminierungen*** aufgrund der jeweiligen Veranlagung dar. Von dieser Gefahr wären sowohl die getestete Person selbst als auch Blutsverwandte betroffen.[52] Eine Diskriminierung ist sogar soweit denkbar, dass – sofern individuelle Informationen aus Testergebnissen entsprechend zur Kenntnis gelangen – dies Auswirkungen z. B. auf die Entscheidung von potentiellen

---

49 Vgl. Combé (2010), S. 66.
50 Vgl. Meili (2014); Eckhardt u. a. (2014), S. 97.
51 Vgl. VFA (2017b), S. 9.
52 Vgl. Eckhardt u. a. (2014), S. 121.

Arbeitgebern über die Besetzung einer Position haben oder bei Minderjährigen den Zugang zu Bildung beeinflussen könnten.[53]

Die Risiken, die sich durch die pharmakogenetische Forschung ergeben, sind aus heutiger Perspektive im Hinblick auf Art und Ausmaß nur bedingt abzuschätzen. Je stärker und wirksamer die informationelle Selbstbestimmung über die eigenen Testergebnisse gesichert sind, desto geringer ist vermutlich die Gefahr unerwünschter Auswirkungen für eine Person. Anzunehmen ist jedoch, dass mit der Zunahme der Testungen auch die Gruppe der potenziell gefährdeten Personen grösser wird – sowohl innerhalb als auch außerhalb des medizinischen Umfelds. Je mehr Menschen mögliche vorgeschriebene oder zusätzlich angebotene genetische Screenings in Anspruch nehmen – was in Zukunft letztlich jedermann sein könnte –, desto mehr können auch von den unerwünschten Auswirkungen eines Wissens um Testergebnisse betroffen sein.[54]

---

[53] Vgl. Eckhardt u. a. (2014), S. 124.

[54] Vgl. Lemke/ Lohkamp (2005), S. 66; Eckhardt u. a. (2014), S. 121.

4. Notwendigkeit der individuellen Genom-Entschlüsselung vor Medikamentenverordnung

Für bestimmte Medikamente bestehen zunehmende Bemühungen, die Kenntnisse der Pharmakogenetik in die klinische Praxis zu überführen und für Patienten nutzbar zu machen.[55] Hier stellt sich die Frage, ob die pharmakogenetische Diagnostik aus medizinischen Gründen zwingend notwendig oder empfehlenswert oder aber im Sinne eines „nice to know“ nur rein informativer Natur ist. Derzeit werden Studien durchgeführt, um Antworten zum Nutzen einer auf Pharmakogenetik basierten Pharmakotherapie anhand konventioneller Genotypisierung zu erhalten. Die Frage jedoch, inwieweit eine vorsorgliche pharmagenetische Diagnostik insgesamt einen Vorteil darstellt, ist bei Weitem nicht beantwortet – für viele Bereiche besteht noch keine ausreichende Gewissheit, sodass sich eine abschließende Bewertung zum gegenwärtigen Zeitpunkt verbietet.[56]

Im Jahr 2017 hat die Gendiagnostik-Kommission (GEKO) im Auftrag des Bundesministeriums für Gesundheit die „Richtlinie für die Beurteilung genetischer Eigenschaften hinsichtlich ihrer Bedeutung für die Wirkung eines Arzneimittels bei einer Behandlung gemäß § 23 Abs. 2 Nr. 1b GenDG“[57] verabschiedet. Diese Richtlinie richtet sich an Medizinier, die eine genetische Untersuchung mit dem Zweck der Abschätzung der Wirksamkeit und Verträglichkeit einer individuellen Arzneimitteltherapie durchführen. Die Richtlinie stellt keine Nutzenbewertung im Sinne einer leistungsrechtlichen Bewertung einer genetischen Diagnostik dar, es wird vielmehr Bezug darauf genommen, ob denn genetische Eigenschaften im Sinne des § 3 Nr. 4 GenDG vorliegen, die die Wirkung eines Arzneimittels gemäß § 3 Nr. 7c GenDG beeinflussen können.[58]

Gemäß dieser Richtlinie sollten zur Beurteilung der pharmakogenetischen Eigenschaften betroffener Personen diese einer von drei Bedeutungsstufen (sehr hohe Bedeutung; hohe Bedeutung; moderate oder geringe Bedeutung)

---

[55] Vgl. Cascorbi (2017), S. 1.
[56] Vgl. Cascorbi (2017), S. 6.
[57] Vgl. Gendiagnostik-Kommission.
[58] Vgl. Gendiagnostik-Kommission, S. 472-473.

zugeordnet werden. Als Grundlage dient die begründete Annahme, dass genetische Eigenschaften eine individuelle Bedeutung für die Anwendung oder Dosierung des klinisch indizierten Arzneimittels haben. Die Bedeutungsstufe ist somit relevant für die ärztliche Indikationsstellung für die pharmakogenetische Untersuchung.[59]

Beispielsweise ist das oben erwähnte Medikament Abacavir, das zur antiretroviralen Therapie bei HIV-1 Erkrankungen eingesetzt wird, hinsichtlich der pharmakogenetischen Eigenschaften der Stufe „sehr hohe Bedeutung" zugeordnet. [60] Die Einordnung in diese Bedeutungsstufe erfolgte, da sich für die von der pharmakogenetischen Eigenschaft betroffenen Person (in diesem Fall die Eigenschaft HLA-B*5701) ein hohes Risiko für eine lebensbedrohliche Hautüberempfindlichkeitsreaktion (so genanntes Steven-Johnson-Syndrom) ergibt.[61] Somit ist eine pharmakogenetische Testung vor Verschreibung dieses Medikaments nicht nur sinnvoll sondern auch notwendig.

Bei anderen Medikamenten wiederum wurde keine oder nur eine geringe Signifikanz pharmakogenetischer Eigenschaften in Bezug auf die Wirkung eines Arzneimittels ermittelt, in anderen Fällen ist die bisherige Datenlage entweder inkonsistent, widersprüchlich oder zum Teil nicht reproduzierbar. Für genetische Eigenschaften die der Bedeutungsstufe „moderate oder geringe Bedeutung" zuzuordnen sind[62], erscheint die Genotypisierung daher im Zusammenhang mit einer Arzneimitteltherapie gegenwärtig weder sinnvoll noch erforderlich.

Eine generelle Notwendigkeit zur individuellen Genom-Entschlüsselung vor Verordnung eines Medikamentes durch den Arzt ist nach dem gegenwärtigen Stand der Wissenschaft und Technik also klar zu verneinen. Vielmehr ist eine sorgfältige Abwägung zwischen bedeutungsvollen genetischen Merkmalen und solchen, die lediglich der Information dienen, vorzunehmen. Unabhängig von dem vorgestellten und nachvollziehen Ansatz der Richtlinie der Gendiagnostik-Kommission kann die Durchführung pharmakogenetischer Untersuchungen in

---

[59] Vgl. Gendiagnostik-Kommission, S. 473.
[60] Vgl. Gendiagnostik-Kommission, S. 473.
[61] Vgl. Cascorbi (2017), S. 2.
[62] Vgl. Cascorbi (2017), S. 5.

einigen Fällen nach hiesigem Dafürhalten auch bei ansonsten weniger bedeutungsvollen genetischen Eigenschaften sinnvoll sein. So kann u. a. ein Screening für multimorbid erkrankte Personen ggf. sinnvoll sein, denn bei Risikopatienten kann durchaus ein gutes Arzneimittelmanagement über den Erfolg oder den Misserfolg beispielsweise einer Operation entscheiden.[63]

Letztlich ist der Nachweis der klinischen Evidenz und des Nutzens ganz entscheidend für die zukünftige erfolgreiche und nachhaltige Implementierung der pharmakogenetischen Diagnostik in die klinische Praxis.[64] Auch für die Akzeptanz beim Patienten erscheint dies maßgebend. Es ist anzunehmen, dass ein unreflektiertes Angebot pharmakogenetischer Testungen, ohne dass eine nachgewiesene medizinische Relevanz vorliegt, einer solchen Akzeptanz entgegenwirkt.

---

[63] Vgl. Anderegg (2014).

[64] Vgl. Cascorbi (2017), S. 6.

5. Fazit

Aufgrund der Fortschritte in der Erbgutanalyse ist das Genom eines jeden Menschen im Grunde ein offenes Buch, sofern ein genetisches Screening erfolgt. Dieses ist sowohl im Hinblick auf die Früherkennung von Krankheiten als auch für die Einschätzung von Arzneimittelwirkungen und möglicher UAW von hoher Relevanz. Dabei bieten pharmakogenetische Testungen Chancen mit Blick auf die Patientenversorgung, die Arzneimittelsicherheit, die Arzneimittelwirksamkeit, die Arzneimittelentwicklung und eine effiziente Ressourcennutzung im Gesundheitssystem. Dem gegenüber stehen Risiken insbesondere rechtlicher Natur, die hohe Anforderungen an den Datenschutz erfordern, sowie ethische Bedenken, inklusive der mit der Pharmakogenetik einhergehenden potentiellen Gefahr für die Ausgrenzung und Diskriminierung bestimmter, nach Testung ggf. dann stigmatisierter Personen. Wie aufgezeigt ist ein pharmakogenetisches Screening in bestimmten Fällen sinnvoll und notwendig, in anderen nicht. Patienten können von der Testung insbesondere dann profitieren, wenn aufgrund pharmakogenetischer Eigenschaften ein Arzneimittel ein hohes gesundheitsgefährdendes Risiko aufweist. Des Weiteren können polymorbide Personen und Risikopatienten von einem solchen Screening profitieren. In solchen Fällen ist eine Sinnhaftigkeit zu bejahen. Eine grundsätzliche Notwendigkeit zur individuellen Genom-Entschlüsselung, bevor einem Patienten ein Medikament verordnet werden kann, sieht der Autor dagegen nicht.

Literatur und Internetlinks

Anderegg, Susanne: Vor der Operation zum Gentest. Chancen und Risiken, in der Tages-Anzeiger vom 24.07.2014, abrufbar unter: www.tagesanzeiger.ch/zuerich/region/Vor-der-Operation-zum-Gentest/story/20652717; letzter Zugriff: 06.10.2018.

Brandi, Maria Luisa/ **Abadie**, Eric/ **Daly**, Ann/ **Dere**, Willard/ **Ethgen**, Dominique/ **Goel**, Niti/ **Gouze**, Jean-Noel/ **Ingelman-Sundberg**, Magnus/ **Kaufman**, Jean-Marc/ **Laslop**, Andrea/ **Laurie**, David/ **Maliepaard**, Marc/ **McHale**, Duncan/ **Meyer**, Joanne/ **Mitlak**, Bruce/ **Paulmichel**, Markus/ **Pirmohamed**, Munir/ **Reginster**, Jean-Yves/ **Rizzoli**, René/ **Tsouderos**, Yannis/ **Vonderscher**, Jacky/ **Flamion**, Bruno (2012): Meeting Report. Challenges Faced in the Integration of Pharmacogenetics/Genomics into Drug Development, in: Journal of Pharmacogenomics & Pharmacoproteomics 3. Jg. H. 2, abrufbar unter: www.omicsonline.org/pdfdownload.php?download=challenges-faced-in-the-integration-of-pharmacogenetics-genomics-into-drug-development-2153-0645-3-108.pdf&aid=6087; letzter Zugriff: 06.10.2018.

Gendiagnostik-Kommission (GEKO) (2017): Bekanntmachungen – Amtliche Mitteilungen: Richtlinie der Gendiagnostik-Kommission (GEKO) für die Beurteilung genetischer Eigenschaften hinsichtlich ihrer Bedeutung für die Wirkung eines Arzneimittels bei einer Behandlung gemäß § 23 Abs. 2 Nr. 1b GenDG, in: Bundesgesundheitsblatt, Gesundheitsforschung, Gesundheitsschutz, Jg. 60, H. 4, S. 472-475.

Cascorbi, Ingolf (2017): Pharmakogenetik. Aktueller Stand – Fakten und Fiktionen, abrufbar unter: www.researchgate.net/publication/320066604_Pharmakogenetik_Aktueller_Stand_-_Fakten_und_Fiktionen; letzter Zugriff: 06.10.2018.

Combé, Anne (2010): Chancen und Risiken pharmakogenetischer Untersuchungen aus der Sicht von Hausärzten, Göttingen, abrufbar unter: https://ediss.uni-goettingen.de/bitstream/handle/11858/00-1735-0000-0006-AF65-B/combe.pdf?sequence=1; letzter Zugriff: 06.10.2018.

Der Arzneimittelbrief [Hg.] (2005): Pharmakogenetik – aktueller Wissensstand und klinische Anwendbarkeit, abrufbar unter: https://der-arzneimittelbrief.de/de/textdateiupload/2005,39,57_8877.pdf; letzter Zugriff: 06.10.2018.

Eckhardt, Anne/ **Navarini**, Alexander A./ **Recher**, Alecs/ **Rippe**, Klaus Peter/ **Rütsche**, Bernhard/ **Telser**, Harry/ **Mart**, Michèle (2014): Personalisierte Medizin, abrufbar unter: https://vdf.ch/index.php?route=product/product/download&eoa_id=7421&product_id=1897; letzter Zugriff: 06.10.2018.

Fernuniversität Hagen (2018): Fallstudie „Medikamentenprüfung", in: https://www.fernuni-hagen.de/KSW/neuestatistik/content/Fallstudie_Testen/Vorgeschichte/Phasen.htm; letzter Zugriff: 06.10.2018.

Hamacher, Kay / **Katzenbeisser**, Stefan (2013): Technischer Schutz für Genomdaten, in: **Anzinger**, Heribert M./ **Hamacher**, Kay / **Katzenbeisser**, Stefan [Hg.] (2013): Schutz genetischer, medizinischer und sozialer Daten als multidisziplinäre Aufgabe, Berlin, S. 39-50.

Hennen, Leonhard/ **Sauter**, Arnold: (2005): Pharmakogenetik. Sachstandsbericht im Rahmen des Monitoring Gendiagnostik/Gentherapie, abrufbar unter: www.tab-beim-bundestag.de/de/pdf/publikationen/berichte/TAB-Hintergrundpapier-hp013.pdf; letzter Zugriff: 06.10.2018.

Hüsing, Bärbel/ **Hartig**, Juliane/ **Bührlen**, Bernhard/ **Reiß**, Thomas/ **Gaisser**, Sibylle (2008): Individualisierte Medizin und Gesundheitssystem. Zukunftsreport, abrufbar unter: www.tab-beim-bundestag.de/de/pdf/publikationen/berichte/TAB-Arbeitsbericht-ab126.pdf; letzter Zugriff: 06.10.2018.

Huster, Stefan/ **Gottwald**, Sina (2014): Rechtliche Implikationen der Personalisierten Medizin, in: Wienke, Albrecht/ Dierks, Christian/ Janke, Kathrin (2014): Rechtsfragen der Personalisierten Medizin, Berlin, Heidelberg, S. 41-61.

Kollek, Regine/ **Dettloff**, Matthias/ **Halbsguth**, Christiane/ **Kipke**, Roland/ **Riedel**, Ulrike (2005), Pharmakogenetik: Stand und Perspektiven. Aktualisierte Synopse sieben europäischer Studien, Hamburg, abrufbar unter: www.biogum.uni-hamburg.de/3pdf-med/pharmakogenetik-endbericht.pdf; letzter Zugriff: 06.10.2018.

Hirslanden AG (2018): Die Wirkung von medikamentösen Therapien optimieren, in: www.hirslanden.com/de/international/weitere-leistungen/pharmakogenetik.html; letzter Zugriff: 06.10.2018.

Lederer, Erich (2009): Pharmakogenetik: Erst wischen, dann schlucken, in: http://news.doccheck.com/de/2455/pharmakogenetik-erst-wischen-dann-schlucken/; letzter Zugriff: 06.10.2018.

Lemke, Thomas/ **Lohkamp**, Christiane (2005): Formen und Felder genetischer Diskriminierung: Ein Überblick über empirische Studien und aktuelle Fälle, in: van den Daele, Wolfgang [Hg.]: Biopolitik, Wiesbaden, S. 45-70.

o. V. (2011): Carbamazepin: Gentest sagt schwere Hautreaktionen voraus, in: www.aerzteblatt.de/treffer?mode=s&wo=17&typ=1&nid=45209&s=Carbamazepin%3A&s=Gentest&s=Hautreaktionen&s=sagt&s=schwere&s=voraus; letzter Zugriff: 06.10.2018.

o. V. (2013a): So funktioniert die Brustamputation, in: www.spiegel.de/gesundheit/diagnose/angelina-jolie-so-funktioniert-die-brustamputation-a-899692.html; letzter Zugriff: 06.10.2018.

o. V. (2013b): Gentest für Carbamazepin, in: www.apotheke-adhoc.de/nachrichten/detail/pharmazie/gentest-fuer-carbamazepin-nebenwirkungen; letzter Zugriff: 06.10.2018.

McWilliam, Andrew/ **Lutter**, Randall/ **Nardinelli**, Clark (2008): Healthcare impact of personalized medicine using genetic testing: an exploratory analysis for warfarin, in: Future Medicine, 5. Jg., H. 3, S. 279-284.

Meili, Matthias: Chancen und Risiken. Was der Bauplan des Menschen zeigt, in: Tages-Anzeiger vom 24.07.2014, abrufbar unter: www.tagesanzeiger.ch/zuerich/region/Vor-der-Operation-zum-Gentest/story/20652717; letzter Zugriff: 06.10.2018.

Schönhöfer, Peter S./ **Lelgemann**, Monika/ **von Maxen**, Andreas/ **Wille**, Hans (1998): Häufigkeit von Arzneimittelrisiken und Risikokommunikation. In: Hart, Dieter/ Kemmnitz, Wolfgang/ Schnieders, Cristine [Hg.]: Arzneimittelrisiken. Kommunikation und Rechtsverfassung, Baden-Baden, S. 109-120.

Schüler, Julia (2016): Die Biotechnologie-Industrie. Ein Einführungs-, Übersichts- und Nachschlagewerk, Berlin, Heidelberg.

Taegtmeyer, Anne B./ **Ceschi**, Alessandro/ **Kullak-Ublick**, Gerd A./ **Jetter**, Alexander (2012): Pharmakogenetik in der Praxis: Warum, wie, wann? Teil 1, abrufbar unter: www.zora.uzh.ch/id/eprint/69595/1/Pharmakogenetik-SMF-review-Teil1.pdf; letzter Zugriff: 06.10.2018.

VFA (Verband Forschender Arzneimittelhersteller) (2017a): Der Weg zum neuen Medikament, abrufbar unter: www.vfa.de/de/arzneimittelforschung/so-funktioniert-pharmaforschung/der-weg-zum-neuen-medikament.html; letzter Zugriff: 06.10.2018.

VFA (Verband Forschender Arzneimittelhersteller) (2017b): VFA-Positionspapier „Pharmakogenetik", abrufbar unter: www.vfa.de/embed/positionspapier-pharmakogenetik.pdf; letzter Zugriff: 06.10.2018.

Weihrauch, Thomas R. (2002): Pharmakogenetik – Auswirkungen auf die Gesundheitsversorgung und die Gesundheitsökonomie, in: Medizinische Klinik Jg. 97, H. 7, S. 420-428.